Zeba Khan

Influência do alginato de sódio irradiado com gama Co-60 na papoila do ópio

Zeba Khan

Influência do alginato de sódio irradiado com gama Co-60 na papoila do ópio

ScienciaScripts

Imprint
Any brand names and product names mentioned in this book are subject to trademark, brand or patent protection and are trademarks or registered trademarks of their respective holders. The use of brand names, product names, common names, trade names, product descriptions etc. even without a particular marking in this work is in no way to be construed to mean that such names may be regarded as unrestricted in respect of trademark and brand protection legislation and could thus be used by anyone.

Cover image: www.ingimage.com

This book is a translation from the original published under ISBN 978-3-659-85034-9.

Publisher:
Sciencia Scripts
is a trademark of
Dodo Books Indian Ocean Ltd. and OmniScriptum S.R.L publishing group

120 High Road, East Finchley, London, N2 9ED, United Kingdom
Str. Armeneasca 28/1, office 1, Chisinau MD-2012, Republic of Moldova, Europe
Printed at: see last page
ISBN: 978-620-8-32175-8

Conteúdo

Capítulo 1 INTRODUÇÃO 2
Capítulo 2 REVISÃO DA LITERATURA 9
Capítulo 3 MATERIAIS E MÉTODOS 18
Capítulo 4 RESULTADOS 29
Capítulo 5 DISCUSSÃO 37
REFERÊNCIAS 39
APÊNDICE 43

Capítulo 1 INTRODUÇÃO

As plantas medicinais são os medicamentos mais utilizados no mundo atual. A Organização Mundial de Saúde (OMS) calcula que mais de três quartos da população mundial dependem de sistemas tradicionais de medicina para as suas necessidades de saúde primárias. Estes sistemas são maioritariamente baseados em plantas. Segundo a OMS, mais de 21 000 espécies de plantas são úteis para a preparação de medicamentos. Devido à crescente consciencialização dos efeitos secundários e das complicações dos medicamentos químicos e sintéticos, dos cosméticos e dos suplementos de saúde, a utilização de produtos à base de plantas ganhou importância tanto no mundo oriental como no ocidental. Temos vindo a ignorar a importância destes recursos, em particular os recursos vegetais, no bem-estar quotidiano da humanidade. A recolha destas plantas é uma tarefa fastidiosa e altamente dispendiosa e, por conseguinte, o cultivo em grande escala destas plantas em moldes científicos é a única alternativa autêntica, fiável, inevitável e renovável para um fornecimento contínuo de medicamentos à base de plantas. O cultivo de plantas medicinais, especialmente de plantas medicinais de elevado valor, está a criar uma nova dimensão no domínio da agricultura. Vários aspectos do cultivo de plantas medicinais incluem a aplicação de nutrição mineral, fertilização e reguladores de crescimento de plantas, melhoramento de plantas, biotecnologia de plantas, controlo de doenças, etc.

De entre um grande número de plantas medicinais, a papoila dormideira, *Papaver somniferum* L. var. NBRI-5 (Fig. 1), é uma das plantas medicinais mais importantes, que produz muitos alcalóides opiáceos, incluindo morfina, tebaína, codeína, papaverina e noscapina (Fig. 2 e 3). Os produtos comerciais são designados por ópio turco, ópio indiano, ópio persa, ópio chinês e ópio egípcio, e diferem em termos de aspeto e qualidade. A papoila do ópio contém uma vasta gama de alcalóides e tem sido um medicamento muito valioso, especialmente útil no alívio da dor. No entanto, a sua utilização (especialmente dos alcalóides extraídos do ópio e da morfina que contém) pode tornar-se viciante, pelo que deve ser tratada com extrema cautela e apenas ser utilizada sob a supervisão de um médico qualificado. O sumo seco (látex) dos vasos verdes das sementes não maduras é uma fonte rica em alcalóides activos, incluindo a morfina. É extraído fazendo incisões pouco profundas nas cápsulas assim que as pétalas caem. O látex sai das cápsulas e seca em contacto com o ar, sendo depois raspado. Este látex é anódino, antitússico, adstringente, diaforético, emenagogo, hipnótico, narcótico e sedativo. Para além das suas propriedades analgésicas, o látex foi igualmente utilizado como antiespasmódico e expetorante no tratamento de certos tipos de tosse, enquanto as suas propriedades adstringentes o tornam útil no tratamento da disenteria, etc. (The Wealth of India, 1992).

Tendo em conta estas caraterísticas, parece altamente desejável envidar esforços para aumentar a produtividade da planta e dos seus alcalóides através de uma técnica agrícola promissora.

Por outro lado, foi recentemente descoberta uma nova técnica no que respeita à produtividade das plantas. Sabe-se que os polissacáridos, como a celulose, podem ser degradados devido à cisão das ligações glicosídicas por técnicas de radiação. Nos últimos anos, a radiação de raios gama está a ser utilizada para a degradação de quitosano, aliginato e carragenina. As irradiações de raios gama degradam e reduzem o peso molecular de alguns polissacáridos como o quitosano, os aliginatos e a carragenina em monómeros e oligómeros de pequenas dimensões. Estes últimos, quando aplicados às plantas, provocam vários tipos de actividades biológicas e fisiológicas, incluindo a promoção do crescimento das plantas, a germinação das sementes, o alongamento dos rebentos, o crescimento das raízes, a produção de flores, a supressão do stress causado por metais pesados, etc.

Além disso, essa aplicação pode encurtar o período de colheita e ajudar a reduzir a dependência de insecticidas e fertilizantes químicos. Esses produtos decompostos já estão a ser utilizados na China, no Vietname e no Japão para a produtividade das culturas. Foram efectuadas investigações aprofundadas para compreender o modo como ativa os genes das plantas e reprime o crescimento dos fungos. Uma parte proposta da sua ação como ativador dos genes DRR das plantas é a sua capacidade de complexação do ADN (Hadwiger, 1994; Zakaria et al. 1995; Ohta et al. 1999; Hien et al. 2000, Ahni et al. 2001; Cabalfin, 2002, Kume et al. 2001; Mohd. Hafeez et al. 2003; Laun et al. 2003).

Tendo em conta as propriedades espantosas e a utilidade da *Papaver somniferum* L. como planta medicinal e o efeito espetacular da aplicação de polissacáridos irradiados nas culturas, coloca-se a questão de saber se podemos aumentar a produção de ópio e dos seus alcalóides utilizando esta nova técnica.

Para atingir este objetivo, foi realizada uma experiência em vaso na estufa do Departamento de Botânica da AMU, Aligarh.

Como primeiro passo, o alginato de sódio (Fig. 4) foi selecionado para ser degradado por radiação gama e para utilizar as moléculas de oligómeros degradados como pulverizações foliares aquosas diluídas nas plantas de ópio para testar se o mesmo poderia melhorar o desempenho da planta, incluindo o teor de alcalóides.

Fig.1: Cápsula e flor de ópio

Após a maturação das cápsulas, a punção é efectuada à noite com um bisturi metálico. O látex escorre após a punção, sendo depois recolhido em frascos de vidro na manhã seguinte para HPLC e outras análises.

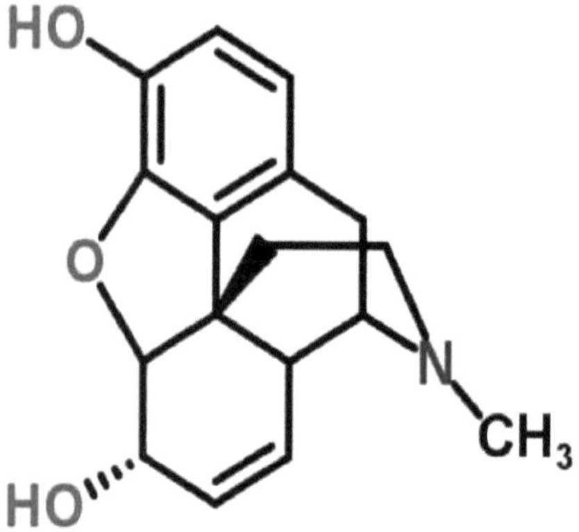

Morphine

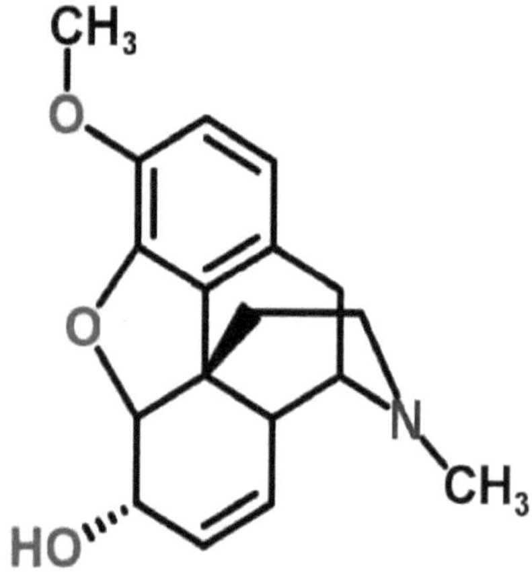

Codeine

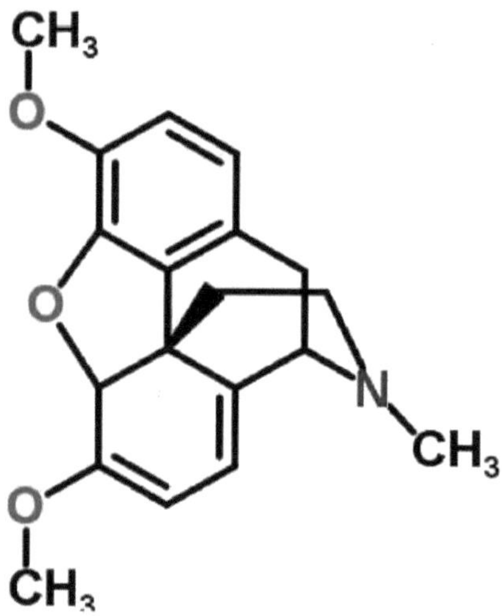

Thebaine

Fig. 1 Fórmulas estruturais da morfina, codeína e tebaína

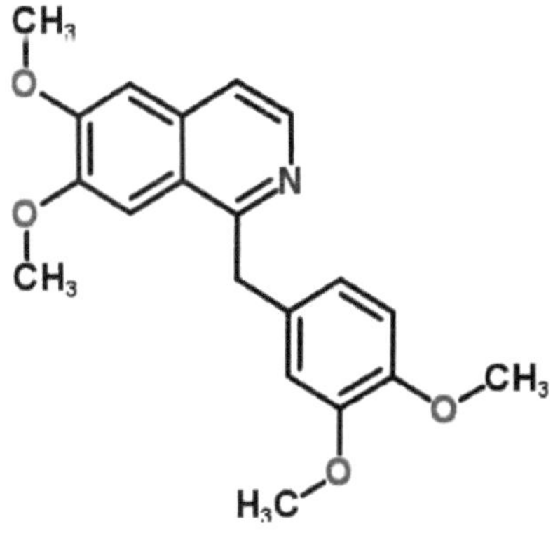

Papavarina

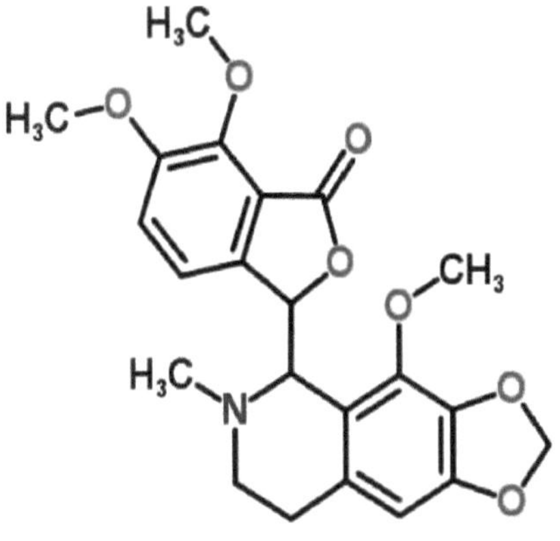

Noscapina (Norcotina)

Fig. 3 Fórmulas estruturais da papavarina e da noscapina (norcotina)

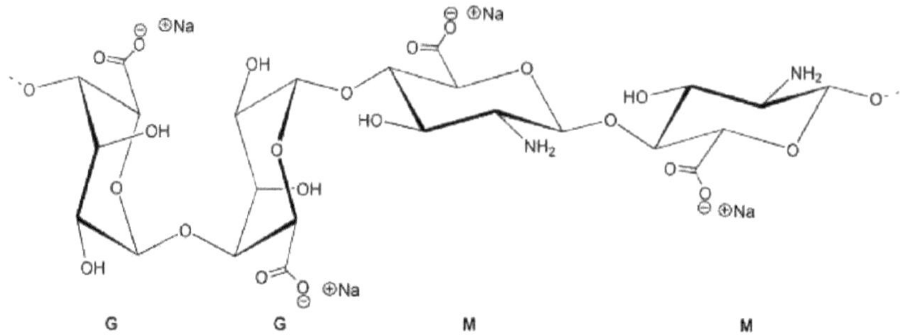

Fig. 4. Estrutura do Alginato de Sódio - O número e a sequência dos resíduos de Manuronato (M) e Glucuronato (G) acima indicados variam no alginato natural. As moléculas de água associadas à molécula de alginato não são apresentadas na fórmula estrutural acima.

Capítulo 2 REVISÃO DA LITERATURA

Este capítulo inclui a descrição geral e a literatura relevante disponível sobre a papoila do ópio (*Papaver somniferum* L.) e uma tecnologia agronómica mais recente que trata do efeito de pulverizações foliares de alginato de sódio irradiado por raios gama na produtividade das plantas.

Descrição geral da papoila do ópio

A papoila é uma das plantas curativas que já era cultivada nos tempos pré-históricos (Bernath, 1998). A papoila do ópio pertence à família Papaveraceae. Pensa-se que teve origem no cultivo da *Papaver setigerum* DC, que cresce em estado selvagem na região do Mediterrâneo. A papoila do ópio é uma erva anual ou bienal; as plantas são erectas, principalmente com 50-150 cm de comprimento. A papoila, enquanto espécie vegetal, caracteriza-se por um período de crescimento relativamente curto e um sistema radicular pouco profundo. As folhas são ovóides ou oblongas, serrilhadas a serrilhadas dentadas, apertando-se na base, sendo a inferior pinada. As flores encontram-se num pedúnculo longo com botões nodosos que se expandem em flores erectas, brancas ou vistosas, geralmente brancas azuladas com base roxa ou brancas, roxas ou variegadas. O fruto é principalmente uma cápsula, grande, globosa, com 2,5 de diâmetro, pedunculada, as sementes são oleosas, cinzentas escuras a negras, reniformes (The Wealth of India, 1992). A papoila do ópio (*Papaver somniferum* L.) é uma fonte rica em alcalóides de ópio utilizados frequentemente como analgésicos, antitússicos e antiespasmódicos na medicina moderna. Também é cultivada como fonte de sementes e óleo comestíveis nos países tropicais e subtropicais. As sementes são vulgarmente conhecidas como "Khashkhash" e consideradas como um dos condimentos mais importantes. A cápsula é o órgão vegetal mais importante, sendo o principal local de deposição do látex, que é a matéria-prima para a biossíntese subsequente. No entanto, a palha de papoila também tem sido utilizada para a extração de alcalóides. A forma coagulada do látex obtido por lancetagem de cápsulas semi-maduras é o ópio do comércio, que é uma fonte rica em alcalóides farmacêuticos (Kapoor, 1995).

Importância medicinal da planta

A planta é considerada como analgésica, anódina, antitússica, afrodisíaca, adstringente, bactericida, calmante, carminativa, demulcente, emoliente, expetorante, hemostática, hipotensiva, hipnótica, narcótica, nervina, sedativa, sudorífica, tónica, a papoila tem sido utilizada em remédios populares para a asma, bexiga, contusões, cancro, catarro, constipação, cólicas, conjuntivite, tosse, diarreia, disenteria, dismenorreia, enterite, enterorragia, febre, fluxo, dor de cabeça, hemicrania, hipertensão, hipocondria, histeria, inflamação, insónia, leucorreia, malária, mania, melancolia náuseas, nevralgia, otite, tosse convulsa, prolapso, retite, reumatismo, mordedura de cobra, espasmo, espermatorreia, entorse, dor de estômago, inchaço, dor de dentes, tumor, úlceras e verrugas (Bernath, 1998).

O ópio é apreciado pelos alcalóides que contém, variando o seu teor total de alcalóides entre 5-25%. Foi isolado um grande número de alcalóides do ópio, dos quais 25 são atualmente bem conhecidos. A morfina, a papavarina, a tebaína, a noscapina, a codeína e a papavarina são os principais alcalóides do ópio e a morfina é o mais abundante de entre eles. A percentagem destes alcalóides é descrita a seguir.

Morfina21%

Papaverina14%

Thebaine8%

Noscapina9 ,5%

Codeína11%

Posição sistemática:

De acordo com Arthur Cronquist (1981), a papoila do ópio ocupa a seguinte posição sistemática:

ReinoPlantae

DivisãoMagnoliophyta

ClasseMagnoliopsida

OrdemRanunculales

FamíliaPapaveraceae

Género *Papaver*

Espécies *somniferum*

Tradicionalmente, o ópio seco era considerado adstringente, antiespasmódico, afrodisíaco, diaforético, expetorante, hipnótico, narcótico e sedativo. A papoila era utilizada contra as dores de dentes e a tosse. A capacidade do ópio da papoila para servir de analgésico é bem conhecida. O ópio e os seus derivados são utilizados na indústria farmacêutica como analgésicos narcóticos, hipnóticos e sedativos. Estes compostos são também utilizados como antiespasmódicos e antitússicos. O ópio e os medicamentos derivados do ópio são aditivos e podem ter efeitos toxicológicos.

O aumento da popularidade dos medicamentos à base de plantas exerceu uma grande pressão sobre o cultivo de plantas medicinais. Para satisfazer esta procura crescente, os cultivadores devem utilizar técnicas de cultivo modernas e sintéticas. A este respeito, os polissacáridos, como o alginato de sódio, desempenham um papel fundamental no aumento da qualidade e da quantidade dos alcalóides contidos na erva. Assim, parece que a aplicação foliar de tais compostos degradados obtidos por radiação γ pode melhorar o crescimento e o rendimento do ópio

A papoila tem sido utilizada em remédios populares para asma, cancro, constipação, cólica, conjuntivite, tosse, diarreia, disenteria, febre, fluxo, dor de cabeça, hipertensão, hipocondria, inflamação, malária, mania, náusea, mordedura de cobra, entorse, inchaço, dor de dentes, tumor, úlcera, etc. Hartwell (1967-1971) menciona o ópio como um remédio para esta condição cancerosa de vários órgãos do corpo. O fruto é sugerido para anemia, dores no peito e febre disentérica.

Biossíntese de alcalóides:

As experiências com marcadores, apoiadas em todas as transformações químicas análogas, estabeleceram firmemente a sequência biossintética da tirosina norlaudanosolina reticulina salutaridina salutaridinol-I tebaína codeína morfina na *Papaver somniferum*. Em geral, quanto mais um precursor se situa ao longo desta sequência, mais eficaz é a sua conversão em morfina na planta intacta. Estão ainda por descobrir vários intermediários, como os que se situam entre a tirosina e a norlaudanosolina e entre a tebaína e a codeína. Ainda não foi provado que a morfina é produzida apenas pela via reticulina-salutaridina e seria necessária uma comparação cuidadosa da taxa de síntese da morfina com as taxas de renovação dos vários intermediários. Mais importante ainda, o conhecimento pormenorizado do mecanismo de cada etapa bioquímica só pode ser obtido com o isolamento do sistema enzimático envolvido. A oxidação química da (-)-reticulina, para dar salutaridina, só pode ser efectuada com um rendimento muito baixo (0,02%) (15, 26), enquanto que, mesmo com plantas inteiras, a incorporação biológica da reticulina nos alcalóides da morfina pode atingir 8% (13). Gostaríamos de saber como é que um sistema enzimático dirige a ciclização oxidativa da reticulina no sentido desejado.

Trabalho efectuado sobre a *Papaver somniferum* no nosso laboratório:

Khan et al. (2007) estudaram a influência de 10^{-6} M de ácido giberélico (GA3) e 10^{-6} M de triacontanol (TRIA), isoladamente ou em conjunto, no crescimento, rendimento, qualidade e teor de morfina da papoila do ópio (*Papaver somniferum* L.). Entre os tratamentos, a pulverização foliar de GA3 +/TRIA promoveu significativamente os valores da maioria dos parâmetros fisiológicos e bioquímicos, incluindo o rendimento do ópio. O teor de morfina também foi aumentado. Os efeitos do GA3 e da TRIA foram semelhantes quando administrados individualmente, em geral, enquanto apenas a TRIA induziu a ramificação nas plantas. Outra descoberta importante desta experiência foi que o GA3 + TRIA favoreceu a ramificação, bem como o desenvolvimento de cápsulas nos mesmos níveis de altura em todos os ramos. Esta influência trará um benefício prático ao facilitar a punção manual ou mecânica das cápsulas, a recolha do látex e a colheita das papoilas. Assim, concluímos que 10^{-6} M de cada GA3 e TRIA administrados em conjunto podem ser utilizados para maximizar o rendimento de ópio e morfina.

Polissacarídeo irradiado como promotor de crescimento de plantas:

Foi referido que os polissacáridos como o alginato de sódio, a carragenina e a quitosana, na sua forma despolimerizada, têm novas propriedades de reguladores do crescimento das plantas (Darvil et al. 1992; Nutsume et al. 1994; Tomodo et al. 1994). O alginato de sódio (Fig. 3) é o sal de sódio do ácido algínico. O alginato de sódio é um hidrato de carbono de amilose natural destilado da parede celular de algas castanhas (por exemplo, *Macrocystis perifera*, *Ascophyllum nodosum*, *Laminaria hyperboria*). O composto químico alginato de sódio é o sal de sódio do ácido algínico, cuja fórmula química é $NaC_6H_7O_6$. Quimicamente, o alginato é um copolímero linear e blocos homopoliméricos de β-D-manuronato (M) ligado (1-4) e do seu resíduo C-5 epímero α-L glucunorato (G), respetivamente, ligados covalentemente em diferentes sequências ou blocos (Fig. 2). Os alginatos são polímeros lineares não ramificados que contêm resíduos de ácido D-manurónico (M) e de ácido L-glucunurónico (G) ligados a β-(1->4) em sequências aleatórias (Haug et al. 1967). A forma despolimerizada do alginato de sódio, conhecida como oligoalginato, pode ser preparada por hidrólise ácida (Haug et al. 1967) ou por degradação enzimática (Shimokawa et al. 1996) e por técnicas de radiação (Woods e Pikaev, 1994; Kume e Takehisa, 1983).

Hien et al. (2000) investigaram o efeito do alginato irradiado com um peso molecular inferior a 10^4 na promoção do crescimento do arroz e do amendoim. O alginato foi degradado por irradiação de raios gama a partir de uma fonte de Co-60 no estado líquido (forma de pó). Uma baixa concentração de alginato degradado a partir de uma solução a 4% irradiada a 100 kGy é eficaz para a promoção do crescimento das plantas e as concentrações adequadas são cerca de 50 ppm para o arroz e cerca de 100 ppm para o amendoim.

Kume et al. (2002) investigaram a melhoria e a utilização de hidratos de carbono como o quitosano, o alginato de sódio, a carragenina, a celulose e a pectina para reciclar estes recursos biológicos e reduzir a poluição ambiental. Estes hidratos de carbono foram facilmente degradados por irradiação e induziram vários tipos de actividades biológicas, como a atividade antimicrobiana, a promoção do crescimento das plantas, a supressão do stress causado por metais pesados, a indução de fitoalexinas, etc.

Aoyagi et al. (2002) investigaram a distribuição de oligómeros de alginato (AO), que são substâncias endógenas semelhantes a elicitores, em células vegetais em cultura, utilizando AO conjugado com 7-amino-1,3-naftalenodissulfonato monopotássico (ANDS). Quando AO-ANDS foi adicionado a 0,5 g L^{-1} à cultura de células de *Catharanthus roseus*, aderiu às células, conforme observado por microscopia de fluorescência. Utilizando protoplastos de *C. roseus*, o AO-ANDS foi encontrado não só nas paredes celulares, mas também na membrana celular e no citoplasma. Quando *C. roseus* foi cultivado num meio que continha ácidos oligo-galacturónicos, como elicitor endógeno, este também foi encontrado na parede celular, na membrana celular e no citoplasma das células *de C. roseus*. Resultados semelhantes foram também obtidos com células *de Wasabia japonica*.

Luan et al. (2003) estudaram o efeito do alginato irradiado em plantas de flores em cultura de tecidos. Irradiaram o alginato [massa molecular (Mw) de aproximadamente $9{,}04\times10^5$ Da] a 10-200 kGy numa solução aquosa a 4% (p/v). O produto de alginato degradado foi utilizado para estudar a sua eficácia como promotor de crescimento para plantas em cultura de tecidos. Os autores referiram que o alginato irradiado a 75 kGy com um *Mw* de aproximadamente $1{,}43\times10^4$ Da teve o maior efeito positivo no crescimento de plantas com flores, nomeadamente imonium, lisianthus e crisântemo. O tratamento de plantas com alginato irradiado em concentrações de 30-200 mg/L aumentou a taxa de multiplicação de rebentos de 17,5 para 40,5% em comparação com o controlo. Na cultura de plântulas, a suplementação com alginato irradiado a 100 mg/L aumentou a altura dos rebentos (9,7-23,2%), o comprimento das raízes (9,7-39,4%) e a biomassa fresca (8,119,4%) de crisântemo, lisianthus e limonium em comparação com a do controlo não tratado. As taxas de sobrevivência das plântulas de flores transferidas tratadas com alginato irradiado foram quase as mesmas que as do controlo em condições de estufa. No entanto, as plântulas tratadas registaram um melhor crescimento.

Hu et al. (2004) estudaram a influência do oligossacárido derivado do alginato (peso molecular 1445 Da) na germinação de sementes de milho em diferentes concentrações. Observaram que as actividades de *α- e β-amilase* e protease apresentaram a resposta mais elevada a 0,75%. Em comparação com o controlo, o crescimento da raiz nos dias 3 e 7 mostrou aumentos de 34% e 18%, respetivamente; e o crescimento do rebento no dia 7 e um aumento de 46%. No caso da atividade das proteases, os tratamentos com oligossacárido derivado do alginato, tanto a 0,75‰ como a 1,50‰, apresentaram actividades mais elevadas do que o controlo. Estes resultados indicam que a taxa de germinação das sementes foi melhorada através do aumento das actividades de várias enzimas benéficas para a germinação.

Hassan A. Abd El-Rehim (2006) investigou o teor de gel e o comportamento de inchaço de copolímeros reticulados de poliacrilamida/alginato de sódio (PAAm/Na-alginato) preparados por irradiação de feixe de electrões. As propriedades térmicas e morfológicas dos copolímeros preparados foram estudadas utilizando a análise termogravimétrica (TGA) e a microscopia eletrónica de varrimento (SEM). A estabilidade térmica do PAAm alterou-se significativamente quando misturado com Na-alginato. A adição do copolímero PAAm/Na-alginato em pequenas quantidades ao solo arenoso aumentou a sua capacidade de retenção de água. Foram investigados o crescimento e outras respostas da planta da fava cultivada num solo tratado com PAAm e copolímero PAAm/Na-alginato. O crescimento da planta de feijão cultivada num solo contendo PAAm/Na-alginato foi melhor do que a cultivada num solo tratado com PAAm. A diferença mais significativa entre o PAAm e o seu copolímero de alginato é que este último sofre parcialmente uma degradação radiolítica e enzimática para produzir oligoalginato, que actua como promotor do crescimento das plantas. O aumento do desempenho das plantas de fava com a utilização do copolímero PAAm/Na-alginato sugere a sua possível utilização no domínio da agricultura como condicionador do solo, fornecendo água à planta e como promotor de crescimento oligoalginato.

Chmielewskia et al. (2007) estudaram o método de degradação de amino polissacáridos naturais para obter um produto aplicável como bioespécime na proteção e estimulação do crescimento das plantas. Despolimerizaram o quitosano por degradação química combinada com o método de irradiação. A eficácia destes métodos foi verificada por análise viscosimétrica. Obtiveram o produto com menor teor de fase cristalina do que o inicial, o que foi comprovado por estudos de difração de raios X. Efectuaram testes agrícolas preliminares em sementes de colza de primavera. Mostraram que o maior crescimento foi observado para a quitosana (peso molecular 47.000 Da) na concentração de 0,1 g/kg de sementes. A concentração mais elevada não afectou o crescimento da planta. O crescimento médio das partes da planta acima do solo foi de cerca de 16-22%, o diâmetro das raízes foi de cerca de 11-13% e a massa das raízes foi cerca de 51-65% superior em comparação com o controlo.

Capítulo 3 MATERIAIS E MÉTODOS

Em 2008-2009, foi realizada uma experiência em vaso com papoila do ópio (*Papaver somniferum* L.) na estufa do Departamento de Botânica da Universidade Muçulmana de Aligarh, Aligarh. O objetivo desta experiência era estudar o efeito de pulverizações diluídas de várias concentrações aquosas de alginato de sódio irradiado com raios gama em plantas de papoila do ópio para determinar se o mesmo poderia melhorar o crescimento, o rendimento, o teor de ópio e a produção de alcalóides da papoila do ópio.

Enchimento de vasos

Foram utilizados 40 vasos de terra de igual tamanho (25 × 25 cm) para esta experiência. Em cada vaso foram colocados quatro kg de uma mistura homogénea de solo e estrume de vaca (6:1). O solo foi analisado em relação a várias caraterísticas no Soil Testing Laboratory, Government Agriculture Farm, Quarsi, Aligarh. As propriedades físico-químicas do solo são apresentadas num quadro:

Quadro 1: Propriedades físico-químicas do solo.

S. Não.	CARACTERÍSTICAS	VALORES
1	Textura	Argila arenosa
2	pH	7.8
3	Condutividade	0.57
4	Azoto disponível (mg/kg solo)	98.5
5	Potássio disponível (mg/kg solo)	141.8
6	Fósforo disponível (mg/kg solo)	7.15

Sementes

As sementes de papoila do ópio (*Papaver somniferum* L. var. NBRI-5) foram recebidas do Dr. Sudhir Shukla, cientista sénior, Instituto Nacional de Investigação Botânica, Lucknow.

Sementeira e germinação de sementes

As sementes foram esterilizadas em álcool etílico durante meia hora e lavadas com destilado duplo e depois embebidas em água durante 12 horas. Em 26 de outubro de 2008, foram semeadas cinco sementes em cada vaso. As sementes germinaram após 10-12 dias depois da sementeira. Após a germinação bem sucedida, foi deixada uma plântula saudável em cada vaso. Os vasos foram regados quando necessário. As ervas daninhas foram removidas de tempos a tempos.

Pulverização foliar de alginato de sódio irradiado em plantas

O alginato de sódio foi adquirido na Loba Chemical Company, Mumbai. Este foi enviado para o BARC, em Mumbai, onde foi exposto, sob a forma de pó, a 520 KGy de raios gama produzidos pelo Co-60. Este alginato de sódio desintegrado foi novamente enviado para Aligarh. Por fim, foram preparadas diferentes concentrações do mesmo.

Foram utilizados dois controlos para esta experiência. No primeiro controlo, as plantas foram pulverizadas com água bidestilada e, no segundo, com alginato de sódio não irradiado (UN). O outro tratamento consiste em diferentes concentrações aquosas de alginato de sódio irradiado (Irradiado a 520 KGy) viz. 20 ppm, 40 ppm, 60 ppm, 80 ppm, 100 ppm e 120 ppm. As plantas foram pulverizadas seis vezes. O primeiro tratamento de pulverização foi efectuado aos 90 dias após a sementeira das sementes, utilizando um pulverizador manual. Todos os tratamentos foram efectuados com um intervalo de sete dias. Foram feitas quatro réplicas de cada tratamento.

Tabela 2: Conceção da experiência

S. Não.	Tratamentos	Detalhes	Réplicas
1	Controlo 1	Pulverização de água desionizada apenas	5
2	Controlo 2	Pulverização de uma solução de 20 ppm de alginato não irradiado	5
3	Tratamento 1	Pulverização de uma solução de 20 ppm de alginato irradiado	5
4	Tratamento 2	Pulverização de uma solução de 40 ppm de alginato irradiado	5
5	Tratamento 3	Pulverização de uma solução de 60 ppm de alginato irradiado	5
6	Tratamento 4	Pulverização de uma solução de 80 ppm de alginato irradiado	5
7	Tratamento 5	Pulverização de uma solução de 100 ppm de alginato irradiado	5
8	Tratamento 6	Pulverização de uma solução de 120 ppm de alginato irradiado	5

Floração e frutificação

Todas as plantas começaram a florir após três semanas de pulverização de alginato de sódio irradiado. As pétalas das flores caem 24-72 horas após a abertura dos botões. As cápsulas demoram mais 8-10 dias a amadurecer completamente e depois estão prontas para a punção. Após a maturação das cápsulas, a punção é efectuada à noite com um bisturi metálico. O látex escorre após a punção, sendo depois recolhido em frascos de vidro na manhã seguinte para HPLC e outras análises.

Foram estudados os seguintes parâmetros:

1. Comprimento do rebento (cm)
2. Comprimento da raiz (cm)
3. Peso fresco por planta (g)
4. Peso seco por planta (g)
5. Teor de clorofila (mg/g FW)
6. Teor de carotenóides (µg/ g FW)
7. Atividade da redutase do nitrato (nM NO_2^- g^{-1} FW h $)^{-1}$
8. Atividade da anidrase carbónica (µM CO_2 kg^- 1 folha FW s^- 1)
9. Número de cápsulas por planta
10. Peso por cápsula (g)
11. Teor de ópio bruto por cápsula
12. Teor de morfina no ópio (%)
13. Teor de codeína no ópio (%)
14. Teor de tebaína no ópio (%)
15. Teor de papaverina no ópio (%)
16. Teor de noscapina no ópio (%)

17. Produção de morfina por planta (mg)

18. Produção de codeína por planta (mg)

19. Rendimento de tebaína por planta (mg)

20. Rendimento de papaverina por planta (mg)

21. Rendimento de noscapina por planta (mg)

Seguem-se os pormenores da metodologia através da qual os parâmetros foram determinados.

Comprimento do rebento: O comprimento do rebento foi medido numa escala de metros.

Comprimento da raiz: O comprimento da raiz foi medido com a ajuda de uma escala de metros.

Peso fresco por planta: As plantas foram colhidas diretamente e pesadas com uma balança eletrónica (Ohaus TS-400D).

Peso seco por planta: As plantas foram secas numa estufa a uma temperatura de 80^0 C e o peso seco de cada planta foi medido com a ajuda de uma balança eletrónica.

Estimativa do teor de clorofila foliar: A clorofila (clorofila *a*, clorofila *b* e clorofila total) foi estimada por Mac Kinney (1941). Cem mg de tecido fresco das zonas interveinais das folhas foram triturados com um almofariz e um pilão em 10 mL de acetona a 80 % (apêndice). A suspensão foi filtrada em papel de filtro Whatman n.º 1 e o filtrado foi recolhido num balão volumétrico. A densidade ótica (D.O.) foi lida a 645 e 663 nm utilizando um espetrofotómetro (Milton Roy, EUA).

O teor de clorofila *a*, clorofila *b* e clorofila total foi calculado utilizando as seguintes fórmulas.

Clorofila $a = 12{,}7 \times (D.O.\ 663) - 2{,}47 \times (D.O.\ 645)\ mg\ g^{-1}\ FW$

Clorofila $b = 22{,}9 \times (D.O.\ 645) - 4{,}68\ (D.O.\ 663)\ mg\ g^{-1}\ FW$

Clorofila total $= 20{,}2 \times (D.O.\ 645) + 8{,}02\ (D.O.\ 663)\ mg\ g^{-1}\ FW$

Estimativa do teor de carotenóides nas folhas: O teor de carotenóides foi estimado pelo método de MacLachlan e ZaliK (1963). O procedimento de preparação da solução para o tecido fresco foi idêntico ao da estimativa do teor de clorofila, mas a densidade ótica foi lida a 480 e 510 nm.

Atividade da redutase do nitrato (NR): A atividade da redutase do nitrato em folhas frescas foi estimada pelo método de Jaworski (1971). As folhas foram cortadas em pequenos pedaços (1cm). Duzentos mg destas folhas cortadas foram pesados e transferidos para frascos de plástico, aos quais foram adicionados 2,5 mL de tampão fosfato pH 7,5 (apêndice) e 0,5 mL de solução de nitrato de potássio (apêndice), seguidos de 2,5 mL de uma mistura de isopropanol a 5%, aos quais foram adicionados 0,3 mL de solução de sulfanilamida (apêndice) e NED-HCl (apêndice). Os tubos de ensaio foram deixados em repouso durante 20 minutos, para o desenvolvimento máximo da cor. A DO foi lida a 540 nm utilizando o espetrofotómetro.

Foi efectuado um ensaio em branco em simultâneo com cada amostra. A curva-padrão foi traçada utilizando uma concentração gradual de solução de NaNO2 (nitrito de sódio). A absorvância (DO) de cada amostra foi comparada com a da curva de calibração.

Atividade da anidrase carbónica (CA): A atividade da anidrase carbónica em folhas frescas foi analisada utilizando o método descrito por Dwivedi e Randhawa (1974). A amostra de folhas frescas foi cortada em pequenos pedaços a uma temperatura de 25° C. Foram pesados 200 mg de cada pedaço e transferidos para um recipiente de vidro. Os pedaços de folhas foram colocados em 10 mL de hipocloreto de cisteína 0,2M (apêndice) e deixados durante 20 minutos a 4º C. Os pedaços foram secos e transferidos para um tubo de ensaio contendo 4 ml de fosfato de pH 6,8 (apêndice). A este tubo de ensaio, foram adicionados 4 ml de solução de bicarbonato de sódio 0,2 (apêndice) e 0,2 ml de azul de bromometol 0,022 % (apêndice). Os tubos de ensaio foram agitados suavemente e deixados durante 20 minutos a 4° C. A libertação de CO2 por ação catalítica de CA sobre NaHCO3 foi adicionada titulando a mistura de reação contra HCl 0,05 N (apêndice) utilizando vermelho de metilo (apêndice) como indicador. Em cada amostra, anotou-se a quantidade de HCl utilizada para neutralizar a mistura reacional e calculou-se a diferença. Um branco é constituído por todos os componentes da mistura de reação acima referidos, exceto a amostra de folhas, e foi executado simultaneamente com cada conjunto de amostras. A atividade desta enzima é calculada colocando os valores na fórmula dada

$$V \times 22 \times N/W \; (\mu M \; CO_2 \; kg^{-1} \; \text{leaf FW} \; s^{-1})$$

Onde;

V=Diferença de volume (mL de HCl utilizado na titulação e na amostra de ensaio)

22= peso equivalente de CO2

N=Normalidade do HCl

W= Massa fresca do tecido em gramas

Teor de azoto nas folhas

O azoto foi estimado no pó seco das folhas. Para estimar este nutriente, o pó das folhas foi digerido de acordo com a técnica normalizada descrita a seguir.

Digestão do pó de folhas

100 mg de pó de folhas secas em estufa foram transferidos para um tubo de digestão de 50 mL ao qual foram adicionados 2 mL de ácido sulfúrico. O tubo foi mantido no aparelho de digestão a 80° C durante cerca de duas horas para permitir a redução completa dos nitratos presentes no material vegetal. Como resultado, o conteúdo do frasco tornou-se preto. Depois de arrefecer o balão durante cerca de 15 minutos, adicionou-se, gota a gota, 0,5 ml de peróxido de hidrogénio a 30 % (H2O2) e a solução foi novamente aquecida até a cor da solução passar de preto a amarelo claro. Novamente, após arrefecimento durante cerca de 30 minutos, foram adicionadas 3-4 gotas de H2O2 a 30 %, seguido de aquecimento durante mais 5 minutos. A adição de H2O2 a 30 % seguida de aquecimento foi repetida até que o conteúdo do frasco se tornasse incolor. O material digerido por peroxidação foi transferido do tubo de digestão para um balão volumétrico de 100 ml com três lavagens de DDW. O volume do balão volumétrico foi então completado até ao traço com DDW.

Estimativa do azoto

O método de Lindner (1944) foi adotado para a estimativa do azoto. Uma alíquota de 10 mL do material digerido foi levada para um balão volumétrico de 50 mL. Adicionaram-se 2 mL de hidróxido de sódio 2,5N (apêndice) e 1 mL de solução de silicato de sódio a 10 % (apêndice) para neutralizar o excesso de ácido e evitar a turvação, respetivamente. O volume da solução foi aumentado para 50 ml utilizando DDW. Colocaram-se 5 ml desta solução num tubo de ensaio e adicionaram-se 0,5 ml de reagente de Nessler (apêndice). Deixou-se o conteúdo do tubo de ensaio em repouso durante 5 minutos para obter o máximo desenvolvimento da cor. A solução foi então transferida para um tubo espetrofotométrico e a densidade ótica foi lida no espetrofotómetro, a 525 nm. A leitura de cada amostra foi comparada com uma curva de calibração padrão e o azoto foi expresso em termos de percentagem com base no peso seco.

Número de cápsulas por planta: Foi contado o número total de cápsulas por planta.

Peso por cápsula: O número total de cápsulas por planta foi pesado utilizando uma balança eletrónica.

Teor de ópio bruto por cápsula: O ópio de cada planta foi recolhido separadamente em frascos após cada punção. Os frascos foram pesados numa balança eletrónica antes e depois da recolha do ópio em bruto e o ópio bruto por cápsula foi calculado.

Os vários alcalóides do ópio foram determinados utilizando o método HPLC.

Materiais:

Os cloridratos de morfina, codina e papaverina, a brucina e as colunas pré-embaladas de extrelut foram obtidos da Merck (Darmstadt, Alemanha). A noscapina e a tebaína foram obtidas da sigma -Aldrich (St Louis, MO, EUA). O UNDCP (Programa das Nações Unidas para o Controlo das Drogas, Viena) colocou à nossa disposição diferentes amostras de ópio. Outros produtos químicos comuns utilizados eram da mais alta qualidade disponível comercialmente.

Soluções standard

A partir de uma solução-mãe metanólica de morfina e noscapina (cada 5 mg ml^{-1}) e de codina, tebaína e papavarina (cada 1 mg ml^{-1}), foram preparadas soluções-padrão de brucina (padrão interno 1 mg ml^{-1}) contendo diferentes quantidades dos cinco alcalóides

Preparação da amostra

Foi adicionada uma solução de padrão interno de brucina às amostras de goma de ópio e as amostras foram extraídas duas vezes com ácido acético a 2,5% (v/v). Após o ajustamento do pH a 9,0 com amoníaco conc., a solução foi transferida para um dispositivo de limpeza pré-embalado Extrelut Influência do alginato de sódio irradiado com gama Co-60 na papoila do ópio

coluna. Os alcalóides foram eluídos com diclorometano-isopropanol (9:1, 60 ml) e o eluído foi evaporado até à secura (Krenn et al., 1998). O extrato foi dissolvido em acetonitrilo-água (60:40) contendo 0,8% de ácido heptafluorobutírico (15 ml) e diluído para 30 ml com 0,1% de ácido heptafluorobutírico aquoso, tendo sido injectados 3µL após filtração através de um filtro Millipore de 0,45-µm.

Instrumentação

A HPLC analítica foi efectuada com um sistema Perkin-Elmer constituído por um cromatógrafo líquido da série 200, um controlador de ligação da série 600 e um detetor de arranjo de díodos LC-235. A monitorização da cromatografia e o tratamento dos dados foram efectuados por meio do software Turbochrom.

Condições cromatográficas

As análises na fase estacionária porosa foram efectuadas como descrito noutro local (Krenn et al. 1998). A separação e a quantificação na fase estacionária não porosa foram efectuadas numa coluna Kovasil MS-C18 (Chemie Uetikon AG, Uetikon, Suíça) com 33 mm×4,6 mm de diâmetro interno e 1,5 µm de tamanho de partícula. A eluição por gradiente multilinear à temperatura ambiente foi efectuada com misturas de ácido heptafluorobutírico aquoso a 0,1% (solvente A) e acetonitrilo-água (60:40) contendo 0,8% de ácido heptafluorobutírico (solvente B). O perfil do gradiente foi: 0-0,03min de 15 a 29% B; 0,3-1,9 min de 29 a 38% B; 1,9-2,4 min 38% B. A composição da fase móvel durante a purga e regeneração da coluna foi: 2,4-2,6 min de 38 a 100% B; 2,6-3,4 min de 100% B; 3,4- 3,6 min de 100 a 15% B; 3,6-7,0 min 15% B. O caudal foi de 1mL min^{-1} . Os alcalóides foram detectados a 255nm.

Teor de morfina no ópio (pelo método HPLC)

Teor de codeína no ópio (pelo método HPLC)

Teor de tebaína no ópio (pelo método HPLC)

Teor de papavarina no ópio (Pelo método HPLC)

Teor de noscapina no ópio (pelo método HPLC)

Rendimento de morfina por planta (teor de morfina × rendimento de ópio por planta)

Rendimento de codeína por planta (teor de codeína × rendimento de ópio por planta)

Rendimento de tebaína por planta (teor de tebaína × rendimento de ópio por planta)

Rendimento de papaverina por planta (teor de papaverina × rendimento de ópio por planta) **Rendimento de noscapina por planta** (teor de noscopina × rendimento de ópio por planta)

Análise estatística:

Os dados foram analisados estatisticamente usando análise de variância (ANOVA) pelo SPSS (ver. 17; SPSS Inc., Chicago, IL, EUA). As médias dos tratamentos foram separadas pelo teste de intervalo múltiplo de Duncan ($p<0,05$) usando letras diferentes. Os dados foram apresentados como média ± SE.

Capítulo 4 RESULTADOS

Foi estudado o efeito da pulverização foliar de alginato de sódio irradiado no desempenho da papoila (*Papaver somniferem* L.) em termos de crescimento, rendimento e produção de alcalóides. Os dados revelaram que o efeito do tratamento radicular com alginato de sódio foi significativo nos parâmetros considerados. O efeito do alginato de sódio não irradiado (UN) não foi considerado significativo para a maioria dos parâmetros em comparação com o controlo. As caraterísticas notáveis do resultado são descritas abaixo.

1. Parâmetros de crescimento

1.1 Comprimento do rebento: Os tratamentos IR-60, IR-80, IR-100 e IR-120 foram considerados significativos para este parâmetro e deram valores 12,4, 14,4, 24,6 e 35,5% mais elevados para o comprimento do rebento, respetivamente. No entanto, os tratamentos IR-40, IR-20 e não irradiado (UN) foram considerados insignificantes para este parâmetro.

1.2 Comprimento da raiz: O tratamento IR-120 revelou-se o melhor, seguido do tratamento IR-100, tendo dado valores 48,7 e 28,6% mais elevados para este parâmetro, respetivamente, em comparação com o controlo. Os tratamentos IR-80, IR-60 e IR-40 mostraram a mesma resposta no seu efeito e deram 15,3, 13,3 e 6,7 valores mais elevados em comparação com o controlo, respetivamente; no entanto, IR-20 e UN não foram considerados significativos.

1.3 Peso fresco: O efeito de todos os tratamentos, exceto IR-20 e UN, foi significativo para estes parâmetros. Os tratamentos IR-120 e IR-100 apresentaram a mesma resposta e registaram um peso fresco 35,3 e 33,3% superior ao do controlo, respetivamente. Os tratamentos IR-80 e IR-60 apresentaram uma resposta semelhante, seguidos do tratamento IR-40, que apresentou, respetivamente, valores 20,6, 18,5 e 12,7% superiores aos do controlo para este parâmetro.

1.4 Peso seco: O tratamento IR-120 revelou-se o melhor para este parâmetro, seguido dos tratamentos IR-100 e IR-80, tendo dado 43,6, 28,5 e 16,5 vezes mais peso seco, respetivamente, em comparação com o controlo. O tratamento IR-60, que está a par do tratamento IR-40 no seu efeito para este parâmetro, deu um peso fresco 14,6 e 9,1% mais elevado do que o do controlo, respetivamente, os tratamentos IR-20 e (UN) foram significativos para este parâmetro.

Quadro 3: Efeito de diferentes tratamentos de alginato de sódio irradiado nos parâmetros de crescimento da papoila dormideira (médias de quatro réplicas).

Tratamentos/parâmetros	Comprimento do rebento (c)m	Comprimento da raiz (c)m	Peso fresco (g)	Peso seco (g)
Controlo	$78{,}50^{d} \pm 2{,}22$	$15{,}0^{d} \pm 1{,}15$	$27{,}40^{d} \pm 0{,}96$	$7{,}93^{d} \pm 0{,}28$
Un-20 ppm	$79{,}36^{d} \pm 1{,}18$	$12{,}3^{d} \pm 0{,}66$	$27{,}08^{d} \pm 0{,}92$	$7{,}46^{d} \pm 0{,}38$
IR-20 ppm	$82{,}11^{d} \pm 1{,}45$	$12{,}3^{cd} \pm 0{,}88$	$28{,}25^{cd} \pm 1{,}18$	$7{,}81^{d} \pm 0{,}34$
IR-40 ppm	$82{,}76^{d} \pm 1{,}34$	$16{,}0^{c} \pm 1{,}00$	$30{,}88^{bc} \pm 0{,}84$	$8{,}65^{cd} \pm 0{,}40$
IR-60 ppm	$88{,}20^{c} \pm 2{,}48$	$17{,}0^{bc} \pm 0{,}57$	$32{,}46^{b} \pm 0{,}84$	$9{,}09^{c} \pm 0{,}23$
IR-80 ppm	$89{,}80^{c} \pm 1{,}79$	$17{,}3^{bc} \pm 0{,}66$	$33{,}02^{b} \pm 1{,}45$	$9{,}24^{bc} \pm 0{,}41$
IR-100 ppm	$97{,}80^{b} \pm 1{,}29$	$19{,}3^{b} \pm 0{,}33$	$36{,}51^{a} \pm 0{,}81$	$10{,}19^{b} \pm 0{,}24$
IR-120 ppm	$106{,}41^{a} \pm 0{,}91$	$22{,}3^{a} \pm 1{,}45$	$37{,}21^{a} \pm 0{,}95$	$11{,}39^{a} \pm 0{,}41$

2. Parâmetros fisiológicos e bioquímicos:

2.1 Teor de clorofila "*a*": O tratamento IR-120 registou o valor mais elevado para este parâmetro em comparação com o controlo. O tratamento IR-100, ao mesmo tempo que o IR-80 e o IR-80 e o IR-60, produziu um teor de clorofila 'a' 20,5, 16,9 e 14,7% superior ao do controlo, respetivamente; no entanto, o IR-20 e o UN não foram significativos para este parâmetro.

2.2 Teor de clorofila '*b*': Todos os tratamentos foram considerados significativos para este parâmetro. O tratamento IR-120 regista o valor mais elevado e dá mais 33,9% de teor de clorofila 'b' em comparação com o controlo. O tratamento IR-20 apresentou uma resposta fraca entre todos os tratamentos e deu um valor 9,9% mais elevado para este parâmetro do que o do controlo. O tratamento UN foi considerado insignificante para este parâmetro.

2.3 Teor de clorofila total: Todos os tratamentos, exceto o tratamento (UN), foram considerados significativos para este parâmetro. O tratamento IR-20 foi o melhor, seguido do IR-100, e deu mais 29,4 e 25,0% de teor de clorofila total, respetivamente, em comparação com o controlo. Os tratamentos IR-80 e IR-60 tiveram uma resposta semelhante e apresentaram valores 21,6 e 18,7% mais elevados para este parâmetro, respetivamente, em comparação com o controlo. Os tratamentos IR-40 e IR-20 também tiveram um efeito significativo e apresentaram um valor 14,5 e 10,4% mais elevado para o teor de clorofila total, respetivamente, do que o do controlo.

2.4 Teor total de carotenóides: Os tratamentos IR-120 e IR-100 mostraram a mesma resposta no seu efeito para este parâmetro e deram 23,0 e 20,0% mais conteúdo total de carotenóides em comparação com o controlo, respetivamente. O tratamento IR-80, que está a par dos tratamentos IR-120 e IR-100 nos seus efeitos para este parâmetro, deu um valor 16,0%

mais elevado em comparação com o controlo. Os tratamentos IR-60, IT-40 e IR-20 mostraram uma tendência crescente no seu efeito e apresentaram um teor de carotenóides 14,0, 9,0 e 5,0% superior ao do controlo, respetivamente.

Quadro 4: Efeito de diferentes tratamentos de alginato de sódio irradiado nos teores de clorofila e carotenóides da papoila dormideira (médias de quatro réplicas).

Tratamentos/parâmetros	Clorofila "a" (mg g-^{1} FW)	Clorofila "b (mg g-^{1} FW)	Clorofila total (mg g-^{1} FW)	Carotenoide total (µg g-^{1} FW)
Controlo	0,557^{d} ± 0,009	0,425^{e} ± 0,011	0,975^{f} ± 0,006	91,85^{d} ± 2,30
Un-20 ppm	0,568^{d} ± 0,007	0,435^{e} ± 0,011	0,970^{f} ± 0,010	92,77^{d} ± 2,97
IR-20 ppm	0,584^{d} ± 0,006	0,467^{d} ± 0,012	1,076^{e} ± 0,006	96,43^{cd} ± 2,42
IR-40 ppm	0,614^{c} ± 0,006	0,485^{cd} ± 0,007	1,116^{d} ± 0,011	100,13^{bcd} ± 2,51
IR-60 ppm	0,639^{c} ± 0,012	0,507^{bc} ± 0,010	1,157^{c} ± 0,011	104,70^{abc} ± 2,63
IR-80 ppm	0,651^{bc} ± 0,006	0,528^{b} ± 0,015	1,186^{c} ± 0,009	106,55^{ab} ± 2,67
IR-100 ppm	0,671^{b} ± 0,013	0,539^{ab} ± 0,004	1,219^{b} ± 0,011	110,22^{a} ± 2,76
IR-120 ppm	0,703^{a} ± 0,010	0,569^{a} ± 0007	1,262^{a} ± 0,008	112,97^{a} ± 2,83

2.5 Atividade da redutase do nitrato: O tratamento IR-120 revelou-se o melhor, seguido do IR-100, e deu valores 28,7 e 23,1% mais elevados para a atividade NR do que o controlo. O tratamento IR-80, seguido do IR-60, produziu um valor 19,3 e 15,1% mais elevado para este parâmetro, respetivamente, do que o do controlo. Os tratamentos IR-40 e IR-20 apresentaram uma resposta semelhante e o tratamento (UN) foi considerado insignificante para este parâmetro.

2.6 Atividade da anidrase carbónica: A atividade mais elevada da anidrase carbónica foi registada nas plantas tratadas com o tratamento IR-120 e registou valores 28,2% mais elevados para a atividade CA do que os do controlo. Os tratamentos IR-100 e IR-80 têm efeitos semelhantes para este parâmetro e deram valores 22,5 e 19,5% mais elevados para a atividade CA, respetivamente, do que os do controlo. O tratamento IR-60 foi seguido pelo IR-40 e IR-20, que mostraram um efeito semelhante para este parâmetro. O tratamento UN não foi considerado significativo para este parâmetro.

2.7 Teor de azoto nas folhas: Todos os tratamentos, exceto o tratamento UN, foram considerados significativos para o teor de azoto nas folhas. O teor de azoto foliar foi máximo nas plantas tratadas com o tratamento IR-120. O tratamento IR-120 registou mais 31,1% de teor de azoto foliar em comparação com o controlo. Os tratamentos IR-80 e IR-60 têm um efeito semelhante no teor de azoto foliar e deram, respetivamente, mais 25,0 e 20,4% de azoto foliar do que o controlo. O tratamento IR-60 produziu um teor de azoto foliar 14,6% superior ao do controlo. Os tratamentos IR-40 e IR-20 apresentaram uma resposta semelhante e registaram um teor de azoto foliar 8,7 e 5,2% superior ao da testemunha, respetivamente.

Quadro 5: Efeito de diferentes tratamentos de alginato de sódio irradiado na atividade da redutase do nitrato, na atividade da anidrase carbónica e no teor de azoto da folha da papoila dormideira (médias de quatro réplicas).

Tratamentos/parâmetros	**Atividade da redutase do nitrato (nM NO2-g FWh)$^{-1-1}$**	**Atividade da anidrase carbónica [µmol (CO2) Kg^{-1} (FW) s^{-} 1]**	**Teor de azoto na folha (%)**
Controlo	325,2^{e} ± 3,46	226,9^{e} ± 3,09	2,27^{e} ± 0,031

Un-20 ppm	332,1^{e} ± 3,49	231,4^{e} ± 1,71	2,28^{e} ± 0,032
IR-20 ppm	346,5^{d} ± 3,16	241,1^{d} ± 2,29	2.39d ± 0.035
IR-40 ppm	351,8^{cd} ± 3,45	249,8^{d} ± 1,73	2,46^{d} ± 0,031
IR-60 ppm	374,2^{cd} ± 3,18	262,9^{c} ± 2,60	2,60^{c} ± 0,038
IR-80 ppm	387,9^{c} ± 3,72	271,2^{b} ± 1,76	2,73^{b} ± 0,036
IR-100 ppm	400,3^{ab} ± 2,58	277,9^{b} ± 3,14	2,83^{b} ± 0,039
IR-120 ppm	418,6^{a} ± 2,02	290,9^{a} ± 1,94	2,97^{a} ± 0,042

3. Parâmetros de rendimento

3.1 Peso seco da cápsula: O peso seco da cápsula foi máximo nas plantas tratadas com IR-120 e registou valores 31,8% mais elevados. O tratamento IR-100 foi seguido pelo IR-80 no seu efeito e deu 28,0% e 18,4% mais ópio bruto, respetivamente, em comparação com o controlo. O tratamento IR-60, seguido do IR-40 e do IR-20, deu 14,5, 11,8 e 7,7% mais ópio bruto, respetivamente, do que o controlo.

3.2 Rendimento de sementes: O tratamento IR-20 registou o valor mais elevado para a produção de sementes, seguido do tratamento IR-100, tendo dado valores 33,0 e 28,5% mais elevados para este parâmetro, respetivamente, do que o controlo. O tratamento (UN) também foi significativo para este parâmetro, mas mostrou uma resposta fraca e deu apenas mais 4,6% de rendimento de sementes em comparação com o controlo. O tratamento IR-80, que está a par do tratamento IR-60 e do tratamento IR-40 no seu efeito para este parâmetro, deu mais 19,9, 17,3 e 13,2% de rendimento de sementes, respetivamente, do que o controlo. Além disso, o IR-40 registou uma produção de sementes 12,0% superior à do controlo.

3.3 Ópio bruto: O ópio bruto foi encontrado no máximo nas plantas tratadas com IR-120 e registou valores 40,7% mais elevados. Os tratamentos IR-100 e IR-80 mostraram uma resposta semelhante no seu efeito e deram 33,9% e 28,1% mais ópio bruto, respetivamente, em comparação com o controlo. Os tratamentos IR-60 e IR-40 seguiram o IR-100 e o IR-80 e deram mais 17,4 e 12,6% de ópio bruto, respetivamente, do que o controlo.

Quadro 6: Efeito de diferentes tratamentos de alginato de sódio irradiado no peso da cápsula, peso da semente por cápsula e ópio bruto da papoila dormideira (médias de quatro réplicas).

Tratamentos/parâmetros	Peso seco da cápsula (g)	Peso da semente por cápsula (g)	Ópio bruto (mg)
Controlo	$2,61^{h} \pm 0,020$	$1,940^{g} \pm 0,029$	$103,33^{e} \pm 2,60$
Un 20 ppm	$2,71^{g} \pm 0,023$	$2,030^{f} \pm 0,036$	$102,33^{de} \pm 3,28$
IR-20 ppm	$2,81^{f} \pm 0,017$	$2,173^{e} \pm 0,034$	$109,33^{d} \pm 1,45$
IR-40 ppm	$2,92^{e} \pm 0,023$	$2,196^{de} \pm 0,034$	$116,33^{c} \pm 1,33$
IR-60 ppm	$2,99^{d} \pm 0,027$	$2,276^{cd} \pm 0,020$	$121,33^{c} \pm 2,02$
IR-80 ppm	$3,09^{c} \pm 0,020$	$2,326^{c} \pm 0,020$	$132,33^{b} \pm 1,45$
IR-100 ppm	$3,34^{b} \pm 0,023$	$2,493^{b} \pm 0,024$	$138,33^{b} \pm 2,33$
IR-120 ppm	$3,44^{a} \pm 0,017$	$2,580^{a} \pm 0,023$	$145,33^{a} \pm 1,76$

Quadro 7: Efeito de diferentes tratamentos de alginato de sódio irradiado no teor de codeína e noscapina da papoila do ópio (médias de quatro réplicas).

Tratamentos/parâmetros	Teor de codeína (%)	Teor de noscapina (%)
Controlo	1.7 ± 0.011	10.3 ± 0.057

IR-120 ppm	3.4 ± 0.028	11.3 ± 0.115

Capítulo 5 DISCUSSÃO

Os reguladores de crescimento das plantas (PGR) desempenham um papel fundamental na promoção do crescimento e desenvolvimento das plantas, bem como no aumento do teor de alcalóides nas ervas (Wareing & Phillips, 1981; Khan et al, 2007). Já foi referido que os polissacáridos como o alginato, a carragenina e a quitosana, na sua forma despolimerizada, têm as novas propriedades de promoção do crescimento das plantas (Darvill et al. 1998; Nutsume et al. 1994). O efeito da pulverização foliar de alginato de sódio irradiado foi considerado significativo para a maioria dos parâmetros. O tratamento IR-120 revelou-se o melhor para todos os parâmetros. O alginato de sódio aumenta a atividade enzimática (Tomata et al. 1994; Kame et al. 2002; Albersheim et al. 1991). O aumento do comprimento do rebento, do comprimento da raiz, do peso fresco e do peso seco nas plantas tratadas está de acordo com as conclusões de Luan et al (2003). De facto, o alginato de sódio facilitaria a absorção e a utilização de nutrientes minerais do solo. O fornecimento ótimo de azoto é um pressuposto importante para o rendimento e a qualidade exigidos das sementes de papoila. (Losak & Richter, 2004). No presente estudo, verificou-se um aumento significativo do teor de clorofila *a*, *b* e total e do teor de carotenóides totais através de vários tratamentos com alginato de sódio irradiado. No entanto, pode ser possível que o alginato de sódio irradiado evoque o potencial genético intrínseco da planta, provocando um aumento do teor de clorofila e carotenóides. O aumento do teor de clorofila total indica que o alginato de sódio irradiado aumenta a atividade específica da Rubisco e a taxa fotossintética de assimilação de CO_2. Foi também observado um aumento significativo da atividade da anidrase carbónica e da redutase do nitrato nas plantas tratadas com alginato de sódio irradiado (quadro 3). O aumento da atividade enzimática também facilitaria a acumulação de biomassa nas plantas tratadas (Khan et al., 2006). De acordo com Luan et al. (2003), o alginato de sódio irradiado teve um efeito fisiológico na planta, incluindo o reforço da atividade enzimática e o aumento da taxa fotossintética. Espera-se que um aumento do crescimento e dos parâmetros fisiológicos das plantas tratadas culmine na maximização do peso da cápsula, do rendimento das sementes e do teor de ópio bruto. Um aumento do teor de azoto nas folhas das plantas tratadas teria um efeito positivo no teor de ópio bruto e de morfina. Segundo Kader e Foldesi (2001), o volume das cápsulas e o seu número por planta foram afectados pelo fornecimento de azoto. Existia uma correlação elevada entre o peso do índice de área foliar da planta e o teor de clorofila, por um lado, e a concentração de morfina, por outro.

Assim, com base nos factos acima referidos, concluiu-se que a pulverização de alginato de sódio irradiado mostrou um efeito significativo no crescimento, fisiologia e bioquímica, rendimento e produção de alcalóides da papoila dormideira. Os resultados (Quadro-1-4) mostraram que o tratamento IR-120 foi o melhor para melhorar o desempenho global da papoila dormideira.

REFERÊNCIAS

Ahni, K.J., Park L, H.J., Byun, M.W. (2001). A produção de monómero e oligómero de quitosano e alginato por irradiação. Sessão 59A, hidratos de carbono, 2001, Reunião Anual do IFT - Nova Orleães, Lousiana.

Aoyagi H, Yasuhira J., Kuno A., Ono K., Akimoto C, Yoshida S.& Tanaka, H.(2002). Distribuição de oligómeros de alginato em células de Catharanthus roseus e Wasabia japonica cultivadas num meio que contém oligómeros de alginato. Biotechnology Letters 24: 1125-1129.

Bernath, J. (1988) Poppy - The Genus Papaver. Editora Académica Harwood. Amsterdam.

Cabalfin, E.G. (2002). Estado do tratamento por radiação de amostras líquidas nas Filipinas. Workshop FNCA 2002 sobre a aplicação do acelerador de electrões, Takasaki, Japão, 16-20 de dezembro.

Chmielewskia A.G., Migdala B. W., Swietoslawskic, J., Swietoslawskid J., Jakubaszeka U., e Tarnowskib T. (2007). Degradação por radiação química de oligoamino-polissacáridos naturais para aplicação agrícola. Rad. Physi. Chem.76:1840-1842.

Darvill, A., Auger, C., Bergmann, C., Carlson, R.W., Chcong, J.J., Ebcrhard, S., Hahn, M.G., Lo, V.M., Marfa, V., Miyer, B., Mohncn. D., OiNcill, M.A., Spiro, M.D., Halbeck, H., York, W.S. e Albershicm, P., (1992).

Oligossacarinas - oligossacáridos que regulam o crescimento, o desenvolvimento e as respostas de defesa nas plantas. Glycobiology 2: 181-192.

Dwivedi, R.S., Randhawa, N.S., 1974: Avaliação do teste rápido para a fome oculta de zinco nas plantas. Plant Soil 40, 445-451.

Gacesa, P. (1988). Alginatos. Carbohydr. Polym. 8: 161-182.

Hadwiger, L. A. (1994). Chitosan as crop growth regulator. Simpósio Ásia-Pacífico sobre Quitina e Quitosana (APCCS), Universiti Kebangsaan Malaysia, 24-27 de maio.P.25.

Hasegawa, M., Isogai, A. e Onabe, F. (1993). Preparação de quitosano de baixo peso molecular utilizando ácido fosfórico. Carbohydr. Polym. 20: 279-283.

Hassan A. Abd El-Rehim (2006) Caracterização e possibilidade de aplicação agrícola de poliacrilamida/hidrogéis reticulados de alginato de sódio preparados por radiação ionizante. Jornal de Ciência dos Polímeros Aplicados 101: 3572-3580.

Haug, A., Larsen, B. e Smidsrod, O. (1967). Um estudo da constituição do ácido algínico por hidrólise ácida parcial. Ata Chem. Scand. 20: 183-190.

Hien, Q.N., Nagasawa, N., Tham, L.X., Yoshii, F., Dang, V.H., Mitomo, H., Makuuchi, K. e Kume, T.(2000). Promoção do crescimento de plantas com alginatos despolimerizados por irradiação. Radiation Physics and Chemistry 59: 97-101.

Hu, X., Jiang, X., Hwang, H., Liu, S. e Guan H. (2004). Efeitos promotores do oligossacárido derivado do alginato na germinação de sementes de milho. J. App. Phyco., 16: 73-76.

Jaworski, E.J., 1971: Ensaio da redutase do nitrato em tecidos vegetais intactos. Biochem. Biophys. Res. Commun. 43, 1247-1279.

Khan R, Khan MMA, Singh M, Nasir S, Naeem M, Siddiqui MH, Mohammad F (2007). O ácido giberélico e o triacontanol podem melhorar o rendimento do ópio e a produção de morfina na papoila do ópio (*Papaver somniferum* L.). Ata Agriculturae Scandinavica Secção B-Soil and Plant Science 57, 307-312.

Krenn, L. Glantschnig, S. e Sorgner, U. (1998). Chromatographia. 47: 21.

Kume, T. e Takehisa, M (1983). Efeito da irradiação gama no alginato de sódio e no pó de carageenina. Argic. Boil. Chem. 47: 889-890.

Kume, T., Nagasawa, N., e Yoshii, F. (2002). Utilização de hidratos de carbono por processamento de radiação. Radiat. Phys. and Chem. 63: 625-627.

Luan, L Q., Hien, N Q., Nagasawa, N., Kume, T., Yoshii F.e Nakanishi, T M. (2003). Efeito biológico do alginato degradado por radiação em plantas de flores em cultura de tecidos. Biotechnol. Appl. Biochem. 38, 283-288.

Mac Kinney, Y.G.G. (1941). Absorção de soluções de clorofila. J. Biol. Chem. 143: 315-322.

Maclachlan, S. e Zalik, S., 1963: Estrutura plástica, concentração de clorofila, composição de aminoácidos livres de mutante de clorofila de cevada. Can. J. Bot. 41: 10531062.

Mohd Hafez, M. I., Muhammad, O., Muhammad, S. Y. e Ahmad, M. D. S. (2003). Prosoding Symposium Biologi Gunaan Ke-7, Mines Beach Resort & Spa, Seri Kembangan, Selangor, 3-4 de junho.

Natsume, M., Kamao, Y., Hirayan, M., Adachi, J. (1994). Isolamento e caraterização de oligossacáridos derivados do alginato com actividades promotoras do crescimento das raízes. Carbohydr. Res. 258: 187-197.

Ohta, K., Taniguhi, A., Konishi, N. e Hosoki, T. (1999). Os tratamentos com quitosana afectam o crescimento das plantas e a qualidade das flores em Eustoma grandiflorum. Hort science 34(2): 233-234.

Shimokawa, T.,Yoshida, S.,Takeuchi,T., Murata, K.,Ishii, T. e Kusakabe, A. (1996). Preparação de duas séries de ácido oligogulurónico a partir de alginato de sódio por hidrólise ácida e degradação enzimática. Biosci. Biotech. Biochem. 60: 1532-1534.

Tomoda, Y., Umemura, K. e Adachi, T. (1994). Promoção do alongamento da raiz de cevada em condições hipóxicas por alginato liase-lisado (A.L.L.). Biosci. Biotech. Biochem. 58: 203-203.

Woods, R.T. e Pikaev, A.K.(1994). Applied Radiation Chemistry-Radiation Processing. Wiley, Nova Iorque.

Zakaria, M.B., Wan Muda, W.M. e Abdullah, M.P. (1995). Chitin and chitosan-the versatile environment friendly modern material. Penerbit Universiti Kebangsaan Malaysia, Bangi.

APÊNDICE

Determinação do teor de clorofila:

80% de acetona

Misturaram-se 80 ml de acetona em 20 ml de DDW.

Atividade da redutase do nitrato

Tampão fosfato 0,1 M (pH 7,4)

27,2 g de KH2PO4 e 45,63 g de K2HPO47H2O foram dissolvidos separadamente em 1000 ml de DDW. As soluções acima referidas de KH2PO4 e K HPO_{24} .7H_2 O foram misturadas na proporção de 16:84.

KNO3 0,2M

Dissolveram-se 20,2 g de KNO3 em água destilada suficiente e o volume final foi completado até 1000 ml, utilizando água destilada.

Isopropanol a 5%

Pipetou-se 5 ml de isopropanol para um volume suficiente de DDW e o volume final foi completado com DDW.

1% de sulfanilamida

1 g de sulfanilamida foi dissolvido em 100 ml de HCl 3N. O HCl 3N foi preparado dissolvendo 25,86 ml de HCl em água destilada suficiente e o volume final foi mantido em 100 ml, utilizando água destilada.

0,02% N-1 neftil-etileno diamina, dicloridrato (NED-HCl)

Dissolveram-se 20 mg de NED-HCl numa quantidade suficiente de DDW e o volume final foi aumentado para 100 ml, utilizando DDW.

Atividade da anidrose carbónica (Reagentes)

Solução aquosa de cistina 0,2 M :

Dissolveram-se 48 g de cistina em 1000 ml de DDW.

Tampão fosfato (pH 6,8):

5,365 g de Na2HPO4 e 2,78 g de $NaH_2PO_4.2H_2O$ foram dissolvidos separadamente em 100 ml de DDW. As soluções acima referidas de Na2HPO4 e NaH_2 PO_4 .$2H_2$ O foram misturadas na proporção de 49:51.

Solução de bicarbonato de sódio (0,2M)

Dissolveram-se 16,8 g de bicarbonato de sódio em solução de hidróxido de sódio (0,8 g NaOH/L) e o volume final foi mantido até 1000 ml com solução de hidróxido de sódio.

0,002% de azul de bromotimol:

Dissolver 0,002 g de azul de bromotimol em água destilada suficiente e completar o volume final até 100 ml com água destilada.

Ácido clorídrico 0,05N

Misturaram-se 4,3 ml de ácido clorídrico puro com 5,7 ml de DDW.

Vermelho de metilo:

Dissolveu-se uma pitada de vermelho de metilo em etanol suficiente e o volume final foi completado com 100 ml de etanol.

Estimativa do azoto:

Solução de hidróxido de sódio (2,5N)

Dissolver 100 g de hidróxido de sódio em quantidade suficiente de DDW e manter o volume final em 1000 ml com DDW.

Solução de silicato de sódio (10%)

Dissolver 10 g de silicato de sódio em água destilada suficiente e completar o volume final para 100 ml com água destilada.

Reagente de Nessler:

Dissolveram-se 3,5 g de iodeto de potássio em 100 ml de água destilada, à qual se adicionou cloreto de mercúrio a 4%, agitando até à formação de um precipitado vermelho, e misturaram-se 120 g de NaOH com 250 ml de água destilada. A mistura foi mantida num frasco de cor âmbar.

MIX
Papier aus verantwortungsvollen Quellen
Paper from responsible sources
FSC® C105338

Printed by Books on Demand GmbH, Norderstedt / Germany